水のもり文化プロジェクト・編

未来を照らす子どもたち

地球さんご賞作品集 2024年

潮出版社

目次

2024年「地球さんご賞」

奨励賞

未来からの手紙　桶谷樹志

小さな意識の積み重ね　後藤結衣

ひとりぼっち　横田碧生

悪意はなくても　杉浦紗弥

見て見ぬふり　工藤莉美

発展の保証　植田彩花

そうぞう　安藤李紗

高梁川のカッパ　中上陽汰

地球にやさしい通学　藤村明梨

魚になりたい　田代治詩

魚好きの僕が守りたいもの　田村 豪

＊本書記載の学年は２０２３年度のものです。

装画＝山内若菜

―子どもは未来を照らす宝である―

安部龍太郎

「地球さんご賞」について

善意とこころざしを集めて

安部龍太郎

人類が直面している環境問題を解決するために、何かをしなければならない。そんな思いに駆られ、小・中学生に環境問題についての作文を書いてもらう活動を仲間とともに始めたのは二十三年前のことでした。文章を書くことによって観察力と思考力、表現力を身につけ、将来を担う人材に育ってもらいたいと願ってのことでした。

二〇二二年度からは、「地球さんご賞」として新たな活動を開始し、二〇二三年度からは八女市、倉敷市（高梁川流域）、静岡市、東京都大田区で実行委員会が発足して、合わせて四六二四人の子どもたちが参加してくれました。

私は四地区の表彰式に出席し、賞を得た子どもたちと身近に接してきましたが、いつも思うことは「文は人なり」ということです。

いい文章を書く子どもは、素直で真っ直ぐで知性に満ちた表情をしています。彼らが順調に育って力を発揮してくれれば、日本もまだ良くなる。そう思えてこちらが勇気をもらっているほどです。

私がこの活動をつづける理由は二つあります。一つは王陽明の「知行合一」。知っていることと行いは同じでなければならない。知っていながら行わないのは、知らないのと同じである。という言葉に共感し、自分にそれができるかどうか試してみたいと思ったこと。もう一つは伝教大師最澄が弟子たちに語った「一隅を照らす」。〈国宝とは何物ぞ、一隅を照らす、これすなわち国宝なり。〉という言葉に感銘を受けたからです。

「地球さんご賞」の名前は「見る・考える・行動する」という人間の持つ力で、人類が直面している五つの環境問題（地球温暖化・海洋汚染・水質汚染・大気汚染・森林破壊）に立ち向かうこと（３×５）に由来しています。

子どもは未来を照らす宝である。そのことに意義をとなえる方はいないと思います。その宝を輝かせるために、我々に何ができるのか。その問いを重く受け止め、行動を起こす以外に現状を打開する方法はないのではないでしょうか。

子どもや孫の世代により良い地球を受け継いでもらうために、一歩でも半歩でも前に進む努力をつづけていきましょう。皆さんのご参加とご協力をお願いいたします。

選考委員メッセージ

安部龍太郎（作家）

一九五五年福岡県生まれ。東京都大田区役所に勤務。図書館司書を務め、その後、作家デビュー。二〇一三年『等伯』で直木賞受賞。

四六二四作の応募の中から、最終選考に残ったのは三十作だった。受験風に言えば倍率百四十倍以上の難関を突破した作品なのだから、表彰作を選ぶのは至難の業である。何度か読み直し、そのたびに印象が変わることもある。最後は好みの問題なので、客観的な評価ではないことをお断りしておきたい。

特に心を惹かれたのは、楢村悠さんの「ふざけるな！ 今までの大人!!」である。「ここまで地球の環境が悪くなったのは、今までの大人のせいだ」。そう弾劾されれば返す言葉もない。しかも楢村さんの凄いところは、「見ておけ、今までの大人！ 僕たちが地球を救ってやる!!」と言い切ったことである。

言葉には言霊が宿っている。これだけの宣言をしたからには、きっとその通りの成長と生き方をしてくれるにちがいない。見ているよ、頑張れ。

荻原 浩（作家）

一九五六年埼玉県生まれ。広告制作会社、フリーのコピーライターを経て作家デビュー。二〇一六年『海の見える理髪店』で直木賞受賞。

子どもに教えられた――というようなことをおとなが――私みたいな古びたおとなが――語るときには、なんとなし上から目線でモノを言っている気がする。うんうん、子どもなのに、すごいな。なかなかよくやっているよ、とでもいうふうに。

それが大きな間違いであることを、「地球さんご賞」の選考に参加して痛感した。小中学生の環境問題に対する知識の確かさと意識の高さに、自分の無知が恥ずかしくなった。知るだけでなく、知り得たことを軽々と行動に移せる伸びやかさにも驚いた。選評なんてやっているお前は、世の中に何かアクションを起こしているのか、と評されている気分だ。すごいのは、「子どもなのに」ではなく「子どもだから」なのだった。

おとなが子どもにないものを持っているように、子どももおとなにはないものを持っている。そのいちばんは未来だ。もちろん古びたおとなの私でも未来を考えたり、憂えたりはするけれど、五十年先、百年先の世界をこの目で見ることはできない。私たちにできることは、五十年先、百年先の彼らを応援すること。偉そうな説教を垂れるより、教えたり、教えられたり、一緒に考えて、少しでもちゃんとした時代を引き渡すことだと思う。

川井郁子（ヴァイオリニスト・作曲家）

香川県生まれ。大阪芸術大学教授。カーネギーホールやパリオペラ座など国内外で活躍。作曲家としてTVやCM等、映像音楽も手がける。

選考会では作品の初々しい感性に触れ、自分自身の十代の頃のことが思い出されました。当時は、社会問題を自分の視点で考えるということはあまり無く、学校で習ったり、両親やメディアの話を耳にしたりすることだけだったように思います。インプット中心に偏ると、考える力が育ちにくいのはもちろん、自分が将来、社会とどう関わり、どういう貢献をしていく人になりたいか、という意識が希薄になってしまうような気がします。

「地球さんご賞」のように、一人一人が自由な視点で自分と向き合って思考を深めながら、社会の、地球の一員という意識を高めていくのはとても意義のあることだと感じました。

当時の自分であれば、周りの意見と違っていたらどうしようとか、こんな変わったアプローチで書いて良いのだろうか、と不安になりがちだったと思いますが、みんな違っていてそれが楽しい、と個性に自信が持てるような機会になったと思います。

環境問題に向き合って考えること、社会の一員として自覚が芽生えること、自分自身の想いを言葉にして、自信を持ってアウトプットすること……子どもたちが「地球さんご賞」で大きく成長するきっかけになれば、何より素晴らしいことだと思います。

湊 芳之

（株式会社エーエスシー 代表取締役）

株式会社エーエスシー／一九八六年システム全般に関するコンサルティングを目的に設立された情報処理・システム開発会社。

きっかけは、安部先生との出会いでした。お人柄にひかれてお話を伺う中で、先生が取り組んでいらっしゃる「一般社団法人 水のもり文化プロジェクト／地球さんご賞」に賛同いたしました。

・「地球環境保全、生命の大切さを考える」継続的な機会を持てること。

・「文字に表すことで、自分の考えや気持ちを表現」できること。

子どもたちが明るい笑顔になれることを期待し、微力ながらご協力をさせていただいております。「地球さんご賞」の作文を拝見し、優しく力強い、文章に出合えて感動しました。目の前にその光景が広がり、作者の気持ちが伝わると同時に、今の環境を作ってきた者として深く考えさせられます。これからの地球を、みなさまの小さな手とつながりながら、一歩ずつ歩んで行きたいと思います。生活の利便性も大切にしながら、地球と共に歩むことは難しいことかもしれません。知恵を出しあい、協力しあい、子どもたちに「明るい未来を」、そして「地球さんご賞」がより大きく広がることを願っております。

岩崎幸一郎（潮出版社 編集局長）

潮出版社／一九六〇年創業。月刊誌『潮』『パンプキン』を刊行するほか単行本、コミック、新書、文庫などを手掛ける総合出版社。

昨年、作家の安部龍太郎さんから初めてこの取り組みについてお聞きしたときの感動は未だに忘れられない。良質な作品を常に生み出し、書き手としてのピークを今も高め続ける安部さんが、その人生で培ってきたものすべてを、未来を担う子どもたちに振り向けていこうとする――その気迫に満ちた信念に接し、一も二もなく、同賞の本部選考委員をお受けした。

環境をテーマにした子どもたちの作文との出合いはまさに僥倖であり、その選考過程は、選考する大人たちが子どもたちに学ぶ時間となった。環境問題は、国際社会全体で取り組まなければ、地球そのものが破滅へと至る人類的課題である。作品を寄せた子どもたちは皆、この問題と真摯に向き合い、解決の方途を模索し、果敢に行動している。

「良きことはカタツムリのようにゆっくり進む」とはガンジーの至言だが、こうした子どもたちの「あきらめない努力」の積み重ねにこそ、真に地球の未来を開く希望の光明があろう。応募してくれた子どもたちから、そうした有為の人財が陸続と躍り出てくることを願わずにはいられない。

福島広司（幻冬舎 常務取締役）

幻冬舎／一九九三年創業。月刊誌『小説幻冬』『GOETHE』などの月刊誌のほか、単行本、新書などを手掛ける総合出版社。

知っていることと、行動することは、常に一緒でなければならない。「知行合一」なんだ。安部先生から、「地球さんご賞」の構想を伺った際の言葉が忘れられません。「知行合一」は、言葉以上に厳しく難しい生き方だと思います。見て見ぬふり、わかっているけどめんどうくさい、今がよければいいじゃないか……、そういう楽な過ごし方を、自ら断つという覚悟。誰しもできることではないからこそ、この「地球さんご賞」の活動を通じて、微力ながらも「行動する」ことへの参画ができることに意義を感じています。今我々が面している環境問題は、取り返しがつかなくなる一歩手前まで来ています。子どもたちの作文からも、自然を守っていかなければいけないという問題意識がしっかりと伝わってきます。大人のずるさや怠慢を思い知らされるような、耳の痛い気づきも多くあり、これから一層この活動を広め、継続していく必要があると感じます。
「地球さんご賞」を率いる安部先生の背中を見ていると、天下泰平の世を築いた『家康』の姿が重なります。持続可能な社会を目指して、子どもも大人も一緒に知恵を出し合う社会をつくる「地球さんご賞」の活動をこれからも応援していきたいと考えています。

優秀賞

安部龍太郎賞

【選評】 長い間、小・中学生の作文に接してきたが、これほど切れのいいストレートパンチは珍しい。日常のささいな出来事から筆を起こし、いつまでも環境問題を解決できない人類の現状にまで考察が及ぶ。

その原因は大人たちが持っている無意識のエゴイズムだと喝破し、ふざけるなと腹を立てているわけだが、単にこれだけで終わらずに自分たちが何とかするという宣言に至る。

この鋭いパンチを、今後もいっそう磨いていただきたい。(安部龍太郎)

ふざけるな! 今までの大人!!

楢村(ならむら) 悠(ゆう)
(岡山県倉敷市立東中学校二年)

このコンクールのホームページを見た時、とても懐かしくなった。倉敷川の掃除と生態調査の写真が載っていたからだ。僕は、コロナの前にあった最後の調査に参加していた。その日はとても暑い日だった。偶然参加していた友達の家族と一緒に川に入り、網を持って小さな魚をたくさん捕まえた。顔からは汗が噴き出していたけれど、足は川に浸かっていたから心地よかった。川の上は風が吹いていて、最高だった。父さんが大きい魚を捕まえた。名前は忘れたけど、大人げないなぁと思いながら、うらやましかったことを覚えている。

作文のテーマは環境だ。学校でもよく聞かされる言葉だけれど、僕は大人たちに言いたいことがある。僕たちは小学校の頃から環境問題を勉強している。ゴミの分別方法や浄水場の見学、ペットボトルのラベルを取って分別することなんていつから始めたのかわからないくらいだ。小さな頃からやっている。なのに、大人はどうだ。分別、ちゃんとやっているのだろうか。僕はスマホでしゃべりながら歩くおじさんが、家の前の川にタバコを投げ捨てるところを、何度も見てきた。とても腹が立つ。

「おっさん。川にタバコを投げるなよ。川が汚れるじゃないか」

と言いたくなる。でも母さんは、

「止めて」

と言う。おっさんに何をされるかわからないからだ、と言う。はあ？　意味が分からない。学校では、ゴミの投げ捨てはいけません、って先生は言うし、母さんも言うのに。分別以前の問題じゃないか！

大人がやるくせに、子どもにはするなっていうことは、別にタバコだけではない。水を流しっぱなしにしながら顔を洗う父さんに、母さんは毎日文句を言っている。水がもったいないと、僕も思う。母さんと僕はもったいないと思うのに、父さんは思わないのだろうか。大人でも違うらしい。家族の中でも意見が違うのに、環境問題のような大きな問題をみんなで考えて、

同じように取り組むなんて無理な話だ。絶対に衝突する。国が違えば、もっと難しくなる。だから、今までずっと見て見ぬふりをしてきて、どうにもならなくなっているのが環境問題だと思う。

ここまで地球の環境が悪くなったのは、今までの大人のせいだ。僕たちのせいじゃない。なのに、僕たちがなんとかしなきゃならないなんて、腹が立つ。本当に腹が立つ。でも、今の僕らがなんとかしないといけない。そうも思う。今までの大人ができなかったことを、やってやろうじゃないか。見ておけ、今までの大人！　僕たちが地球を救ってやる‼

（高梁川流域実行委員会）

挿絵＝田肇斉　デン・チョウサイ
一九九七年、中国安徽省生まれ。二〇二三年、倉敷芸術科学大学芸術学部卒。同大学大学院芸術研究科在学中。

荻原浩賞

【選評】　応募作は正統的な作文だけでなく、ショートショート風の物語、イメージゆたかな詩、ドキュメンタリータッチのものなど、さまざまな創意工夫がなされていて楽しかった。
　物語風の作品の中でも、渡邉奏介さんの「いなくなってしまったほたる君へ」は、秀逸。「五月に生まれた弟に君を見せたい」という語りかけに泣かされた。選考のときに学年は考慮に入れないようにしていたのだが、あとから小学三年生だと気づいて、びっくり。（荻原 浩）

いなくなってしまったほたる君へ

渡邉奏介（わたなべそうすけ）（岡山県倉敷市立菅生小学校三年）

ほたる君。君は今どこで何をしていますか。

手をのばせばすぐそこに、君がたくさんいたあのころから、ぼくは君に会うたび、君といろんな話をたくさんしてきたよね。

そして君はぼくに「このままならきっと、ずっといっしょにいられるね」って言ってくれたことがあったよね。

毎年すこしずつ、君の数がへっていっても君はその言葉どおり、かならずぼくに会いに来てくれていたよね。

だからぼくはずっと、君といられる日がつづくと、しんじてうたがっていなかったんだ。

なのにどうして今年にかぎって君は、ぼくの所にだれも来てくれないんだい。

今年の五月にぼくに弟がうまれたんだよ。

弟にも君のすがたを見せたいんだ。君のあわい光で弟をてらしてほしいんだよ。きっと弟はすごくよろこぶと思うんだ。

ぼくはね、今になって、君の言った言葉の本当の意味が分かったんだ。

君がぼくに会いに来てくれな

かったのは、ぼくら人間のせいだよね。

毎年すこしずつぼくに会いに来る君の数がへっていったのは、君のすみかである川の水をぼくら人間がよごしていたからだよね。

毎年毎年じわじわと、君のすみかだけではなく、えさとなる生き物の命も、ぼくら人間がうばっていってたからだよね。

だから、とうとう君は、もうここにはすめなくなったんだよね。

君の言った「このまま」じゃなくなってしまったからだよね。

君は、こんなことをしたぼくら人間のことを、ゆるすことはできないよね。

ぼくがもし君だったら、君と同じようにそんな人間のことをゆるすことはできないよ。

ぼくなら、人間は自分が生きるためなら何をしてもいいのか、人間以外はぎせいになってもいいのかって思うよ。

君を守ることができなくて本当にごめん。

だけどぼくは本当にかってだけど、どうしても、もう一度君に会いたいんだ。

だからぼくは、食べのこしをはい水に流したり、シャンプーをひつよう以上に使ったりしないようにして、これ以上水をよごさないようにしようと思っているんだよ。

そうすれば、時間はすごくかかるかもしれないけど、うばってしまった君のすみかとかをすこしだけでも、もとにもどせるんじゃないかって思うんだ。

だからもとにもどせた時には、また、ぼくに会いにきてもらえないかな。

その時こそ、ぼくの弟を君にしょうかいさせてほしいんだ。

弟には、君のことを図かんでしか知らないことにはしたくないんだ。

君のすがたを弟に実さいに見せたいんだ。

今度こそかならず君のことを守ってみせるから、いつかまた、ぼくの所にもどって来てもらえないかな。


（高梁川流域実行委員会）

挿絵＝橋本賢二　はしもと・けんじ
一九六七年生まれ。大阪芸術大学卒業。二十歳でパーキンソン病を発病するなか、見る人を勇気づける作品を描き続けている。

川井郁子賞

【選評】「少女が知らない海の底」では、擬人化された生物の視点で海の環境が描かれていて、ユニークでした。始めのうちは可愛らしさが溢れた世界を感じて読み進めていくうちに、寂しさと空恐ろしさが立ち込めてきます。擬人化することで、逃げ場の無い海の命が追い詰められていく様子に感情移入できました。（川井郁子）

少女が知らない海の底

倉重祥帆（くらしげさちほ）
（福岡県久留米市立城南中学校一年）

こんにちは。ぼくはサンゴ。名前はないよ。ぼくは、ここから動くことが出来ない。いつもぼくのまわりには、たくさんの魚達が泳いでいる。その魚達は、ぼくの知らない世界をたくさん教えてくれるんだ。特にウミガメさんは、いつも面白い話をたくさんしてくれる。たとえば、広い海にぼくの知らないような生き物たちが楽しそうに住んでいて、自分も少し入れてもらい一緒に遊んだ話。「人」っていう見たことのない大きい生きものに会った話。ドキドキしたり、元気になったりする話をウミガメさんはいつもしてくれる。ぼくもいつか行ってみたいなって思ってる。だけど今の生活も楽しいよ。ぼくのまわりには、ベラの家族が住んでいてぼくをたくさん頼ってくれる。ぼくの知らないことを教えてくれ

るウミガメさんも、ぼくを頼ってくれるベラの家族も、皆々、きっとぼくの知らない生き物たちも、やさしいんだろうなといつも思っている。明日はどんな日になるだろう。どんな話がきけるだろう。きっと、きっと楽しいんだろうな。

水が温かくなってきた。これが夏ってやつなのかな。このごろ魚達が、ぼくのまわりをあまり泳いでいない。泳いでいる魚達も、どこか元気がない気がするよ。この前そのことをベラの家族に聞いてみた。

「ねぇ、なんでみんな元気がないの。」

「それはね、このごろ海の水が温かくなっているの。いつもこの時期はあついけど、今年は特にね。」

「ああ、それに私達の食べるものの中に危険な物がまじっていることがあるからなんだ。」

「危険なもの？」

ぼくは驚いてきき返した。

「うん。なんだかいろんな色だったり、キラキラしてたりするから、つい食べたくなっちゃうんだ。でもこの前おじいちゃんが、それを食べて動かなくなっちゃったの。」

確かにすこし前からキラキラしたものが流れていたなと思った。でもだれが、そんなものを流しているんだろう？

　それから季節がながれた。秋になったのに水はあまり冷たく感じない。前よりも魚がもっと少なくなった。ぼくの仲間の何人かはだんだんしゃべらなくなって、どんどん白くなっていった。ぼくもいつかは、ああなってしまうのかな？ と思うと少し怖くなった。仲間は皆白くなり、魚達はいなくなって気付いたらぼくの周りは寂しくなっていた。

　冬になった。最近ぼくは具合が悪い。今日は久しぶりにウミガメさんに会った。その時に
「きみ、なんだか白くなったね。」

と言われた。やっぱりぼくも皆と同じようになっているんだ。ウミガメさんがぼくの横を通り過ぎた。その時ぼくの体の欠片がポロリと落ちた。

　波打ち際に打ち上げられたサンゴの欠片を少女が拾い、ニコリと笑ってつぶやいた。

「海の中にいるお魚たちは、どんなふうに暮らしているんだろう。」


（八女実行委員会）

挿絵＝猿渡由衣　さるわたり・ゆい
福岡県みやま市在住。

彩雲賞

【選評】 推薦した作文は、小学生ならではの表現と感性を持った作品であると感じました。わかりやすい言葉、親しみのあるキャラクターの名前、特に、ビニール袋を「おばけ」「おばけたいじ」と表現するところは、驚きと感心を覚えました。（湊 芳之）

魚けいさつしょ ～海のゴミ問題～

藤村瑞希（ふじむらたまき）
（岡山県倉敷市立緑丘小学校五年）

ここは、瀬戸内海の海の中、海底には魚けいさつしょがあります。

そこにつとめているのは、イカナゴしょ長とママカリけいさつです。

今日はさっそくタコさんがやってきました。

家がゴミまみれになってしまった人です。「助けてください。」「わかりました、すぐにむかいます。」そうしてタコさんの家にいってみると茶色いつぼの入口にゴミが大量に引っかかっていました。

タコさんは、「ありがとうございます。もしまたゴミが引っかかったらお願いします。」とお礼をいいました。

ママカリけいさつとイカナゴしょ長は、すぐさまゴミをどかしてきれいにしました。

けいさつしょに帰ると今度は、真ダイさんが「カニちゃんのハサミにゴミが引っついてはなれないんだ。ぼく一ぴきの力じゃ取れなくてだから手伝って欲しいんです。」「わかりました、すぐにむかいます。」そうしてカニちゃんのところにいってみるとはり金がハサミにはさまっていました。するとカニちゃんが言いました。「わたしの自まんのハサミでも切れないの」と言いました。ママカリけいさつとイカナゴしょ長は、真ダイさんと力を合わせてはり金の向きを上手に変えカニちゃんのハサミからはり金を外しました。カニちゃんと真ダイさんは、「ありがとうございます。もしまたゴミが引っかかったらお願いし

33 ——彩雲賞

ます。」とお礼を言いました。そうしてけいさつといっしょに帰るとなんとおばけが入口にたたずんでいました。

ママカリけいさつもイカナゴしょ長も「大変だ！」と思いました。それで自分達でこうげきします。しかしすべてよけられてしまいます。

そこにちょうど通りかかったタコさんと真ダイさんとカニちゃんがおばけたいじを手伝ってくれました。

タコさんは、おばけをおさえてくれて、カニさんは、おばけを切ってくれました。しかしそれは、ゆらゆらうくビニールぶくろでした。

今、ゴミ問題がしんこくになっています。今わたしたちができることは、少しでもゴミを減らす工夫だと思います。

みなさんも少しでもゴミを減らす工夫をしてみてはどうでしょうか？

（高梁川流域実行委員会）

挿絵＝山内若菜　やまうち・わかな
一九七七年、神奈川県生まれ。二〇〇九年よりロシアで「シベリア抑留」を忘れない文化交流を開始。二一年、第八回東山魁夷記念日経日本画大賞入選。二二年、平塚市美術館常設展特別出品。

潮出版社賞

【選評】　本作は、学校でＳＤＧｓの大切さを知った一人の生徒が、環境改善へと実際に行動に移した〝挑戦の軌跡〟である。それは、給食時の「ストローレス」の推進だ。小学四年生から六年生まで、その実現へ粘り強く挑戦を重ねたことには頭が下がる思いである。
　環境問題に関心をもつ人は多いが、そのために行動できる人は少ない。地道な試みにこそ状況変革の大きなカギがあることを伝える圧巻の作品だ。筆者の果敢で忍耐強い取り組みに喝采。（岩崎幸一郎）

給食のストローをなくしたい！

坂田和花奈（さかたわかな）
（静岡県袋井市立袋井東小学校六年）

わたしは、四年生のとき、総合学習の時間で地球温暖化について学びました。そして、ＳＤＧｓに興味をもち、自分にもできることはないかと思うようになりました。

そして、色々と調べていくうちに、「ストローレス」という言葉を知り、給食で使っているストローがもったいないのではないか、と思うようになりました。わたしの小学校

の全校生徒・約二百五十人、給食のある日を百八十七日だとすると、なんと、一年間に四万六千七百五十本使ってしまっていることになります。ストロー一本一グラムだとすると、一日に約二百五十グラム・一年間に四十六キログラムのゴミを減らすことができます。

自主学習で、給食の牛乳をストローなしで飲む方法を色々考えてみました。パソコンで調べてみると、直接飲める牛乳パックを開発して、ストローレスの取り組みをしている学校があるということも知りました。私達の学校でもできないかと思い、給食室の先生にお手紙を書きました。しかし、四年生のときは何もみんなに知らせることができず、給食室の先生にも考えてみるね、と言われて終わってしまいました。

それから、五年生になり、自主学習で「ストローレス新聞」を作ったら、先生が教室にけい示してくれました。そして、五年生終了まであと十三日というとき、「今日の給食でストローを使わずに牛乳を飲んでみよう」と先生が言ってくれました。わたしが提案した方法は、牛乳パックのはしっこをちょっと切ってコップにそそぐというやり方です。みんなの反応は様々でしたが、わたしはその日の牛乳がとても美味しく感じました。

六年生になった今でも、先生の許可を得てストローを使わずに牛乳を飲んでいます。仲間もでき、今では、五人ほどになりました。

わたしのこの小さな取り組みが、日本中の学校に広がったらいいなと思います。わたしは今日も、牛乳パックのはしっこを切ってコップにそそいで飲んでいます。

（しずおか委員会）

挿絵＝浦上美咲　うらかみ・みさき
二〇〇三年、静岡県生まれ。常葉大学造形学部在学中。

幻冬舎賞

【選評】　ザブン、ときた波に負けないように貝がらを拾う、生き生きとした描写に冒頭から引き込まれた。マイクロプラスチックのゴミを、色とりどりのクレヨンの色のようだと形容するのも、いかに人工的な〝海の異物〟であるかが伝わってくる。五感が刺激される表現が多く、とてもいい作品だと思った。何より、貝がらとゴミを一緒にキーホルダーにするという発想が面白くチャーミング。日常の中で海を忘れないためのアイディアに感服した。（木田明理）

色とりどりのゴミ

石井沙娃良（いしいさあら）
（福岡県八女市立川崎小学校二年）

「かわいい貝がらがあるよ。」

わたしは、うみでたくさん貝がらをひろいました。大きい貝や小さい貝やいろんな色の貝を見つけてわくわくしました。なみがザブンとやってきて、貝がらをうみの中へもっていきそうだったので、なみにまけないようにひろいました。

すなはまに、とても小さくてかたいゴミがたくさんおちていました。ゴミは、クレヨンの色のように赤や青、黄、白、ちゃ、みどり、ピンクの色がありました。おかあさんとゴミをひろいました。おねえちゃんが、

「これはマイクロプラスチックだよ。さかながこれをエサとまちがってたべたら、しんでしまうよ。」

と教えてくれました。

家にかえってから、本でマイクロプラスチックをしらべてみました。しんださかなのおなかの中から、たくさんのプラスチックやビニールぶくろが出てきたしゃしんを見てびっくりしました。

わたしは、うみでひろった貝がらとマイクロプラスチックをつかって、キーホルダーを作りました。これは、うみをゴミからまもるためのおまもりにしようときめました。

みんなに、うみにゴミをすてないでといいたいです。わたしもうみをまもるために、ごはんをのこさずたべてゴミを出さないことや買いものをする時はエコバッグに入れるお手つだいをがんばります。

（八女実行委員会）

挿絵＝山内若菜　やまうち・わかな
一九七七年、神奈川県生まれ。二〇〇九年よりロシアで「シベリア抑留」を忘れない文化交流を開始。二一年、第八回東山魁夷記念日経日本画大賞入選。二二年、平塚市美術館常設展特別出品。

ふるさと賞

水生昆虫という宝物

吉田孝太（よしだこうた）
（東京都大田区立大森第六中学校三年）

【選評】　大都会には自然がないと言われて久しいが、それは見る目や感じる心がないからだとこの作品は教えてくれる。吉田君のような興味と探求心があれば、多摩川の河川敷は陸性の昆虫の宝庫になるし、くぼみに出来た水たまりも水生昆虫との出合いの場所になる。こうしたセンスは昆虫記を書いたファーブルや、植物学者の牧野富太郎と共通するものだ。これからも心のおもむくままに研究を重ね、鈍感な者たちには見えない世界を発見しつづけてほしい。（安部龍太郎）

「水生昆虫を守りたい。」「水生昆虫が身近にいてほしい。」「水生昆虫を知ってほしい。」

これが私の願いだ。

私は、多摩川(たまがわ)河川敷のすぐそばに住んでいて、小さい頃からいろいろな昆虫にふれてきた。まず興味を持ったのは、陸性のもの。セミから始まり、カブトムシ、クワガタムシ、バッタ、カンタン、カマキリ、コオロギ、トンボ、キリギリス、コガネムシ等々、名前を挙げればきりがないほどの数だ。そんな中、幼稚園の時のことだ。河川敷の水たまりで、とっても汚いのに、小さいながらも必死に生きている、変な生き物を見つけた。それを、ずっとずっと飼ってみたいなと思っていた。何者かわかったのは、図鑑を自分で調べられるようになった、小学生になってからのことだ。これが、私の水生昆虫との出合いである。水たまりにいた変な生き物は、ハイイロゲンゴロウというゲンゴロウの仲間の幼虫であった。母には、気持ち悪いと飼うことを拒まれたが、私にはとてもかっこよく見えた。

この出合いが、今でも、私を水生昆虫の虜にさせている。しかし、ゲンゴロウ、タガメ、タイコウチ、ミズカマキリ、コオイムシといった水生昆虫たちは、田んぼやきれいな川や池に生息するため、田

んぼは減りさらに農薬がまかれ、川や池は汚される等の理由で、住みかを奪われてしまった。水生昆虫は、絶滅危惧種は当たり前という風になり、今や珍しい昆虫となってしまっているのだ。

でも全くいなくなってしまった訳でもない。ゲンゴロウ類でいえば、東京にもまだ、ハイイロゲンゴロウをはじめ、チビゲンゴロウ、ヒメゲンゴロウ、コシマゲンゴロウといった種類が見られる。しかし、コシマゲンゴロウは、かなり限られた所にしか見られない。私は、中学生になってから、コシマゲンゴロウの新産地を探し歩いてきた。守りたいし、彼らの住みかを増やし、住みやすくしてあげたいからだ。

水たまりを覗いて見てください。人間が奪った自然環境のせいで、小さな水生昆虫が、水たまりで必死に生きようとしている姿に出合えるかもしれません。そっと覗いて見てください。守ってあげてください、小さな宝物を。

（おおた地球さんご賞実行委員会）

書＝金澤翔子　かなざわ・しょうこ
一九八五年、東京都生まれ。五歳から母に師事し書を始める。国内外で多くの個展を開催。NHK大河ドラマ「平清盛」揮毫。二〇一四年、紺綬褒章受章。

みらい賞

海の安全

福永明日香（ふくながあすか）
（福岡県柳川市立三橋中学校二年）

【選評】　北朝鮮のミサイルが発射されたというニュースに少なからず緊張し、それが海に落下したとわかったら、「ああ、何事もなくてよかった」と安堵する。人は――私たち大人はたいていそうだ。だが、福永明日香さんは違う。ミサイルが海に落ちた時の生物の被害、環境への影響を自分で調べて、「陸に落ちなくてよかったで済むことじゃない」と訴える。世間のあたり前をうのみにせず、ちがう視点を持つことの大切さを教えてもらった。（荻原　浩）

みなさんは、北朝鮮のミサイルが日本のEEZ内に落下したとき、どんなことを思いますか。

「陸に落ちなくてよかった。」

と思う人がほとんどだと思います。これが私の問題視していきたいことです。もちろん、陸に落ちなかったのは安心すべきことです。ですが、ミサイルは海に落ちています。陸に落ちなくてよかったで済むでしょうか。

この前、SNSを使っていると、ある投稿が目に入ってきました。それは有名な方が

「これ以上私たち日本のたいせつな自然とたいせつな心を壊さないで!!」

と投稿しているものでした。その日は五年前の九月にミサイルが日本海に落とされた日でした。コメントをみていると

「海はミサイルを捨てる場所じゃない。」

という言葉を見つけました。私はこの言葉を見つけたとき、確かにと思いました。そこから、ミサイルが海に落ちた時の生物の被害、環境への影響などについて調べるようになりました。

まず、ミサイルに使われる毒性の強い二つについて説明します。

一つ目は、「ジメチルヒドラジン」というミサイルの燃料に使われるものです。この物質は皮膚に付くだけでただれてしまうほど猛毒です。そしてその致死量は〇・一ミリグラムと言われています。

二つ目は、「赤煙硝酸」という燃料が燃えるための酸化剤に使われているものです。この物質も毒性が強く、海洋への悪影響の原因になっています。

この二つによって環境への影響があることは分かるでしょう。ですが、これを問題として捉えている人が少ないです。それにこの話がニュースなどのメディアに取り上げられることがないに等しいです。だからミサイルが海に落ちた時、大半の人が、

「陸に落ちなくてよかった。」

と思ってしまうのです。この問題は大々的に取り上げ、世界規模でもっと考えるべきものだと思います。

今、私たちが大切にしていくものとして、環境が挙げられます。特に自然環境は、今、そして未来の私たちが生きるために必要な基盤となっています。地球の自然豊かな未来のため、そして、私たちの豊かな未来のために、このことに興味を持ち、陸に落ちなくてよかったで済むことじゃないと問題視する人が増えることを願っています。

（八女実行委員会）

挿絵＝山下ハイジ　やました・はいじ
一九五二年、福岡県生まれ。博多のデザイン事務所を経て、八〇年から東京でフリーイラストレーターに。七三年に熊日広告賞、ほか多数受賞。

選考委員特別賞

スナメリのいた海

森下心温（もりしたここあ）

（岡山県倉敷市立西中学校三年）

【選評】　恥ずかしながら、本作を読むまでスナメリという小さなイルカのことを詳しくは知らなかった。汚染物質をためやすく綺麗な海にしか生息できない、なんともいたいけな生物。スナメリが姿を消してしまった瀬戸内海の現状が生々しく伝わってくる。また、知識を得ただけで終わらずに学生を中心に立ち上がり、地元の漁師まで巻き込んで実際に行動を起こす勇気に感動した。自分は何ができるかと、問い直すきっかけをくれる作品。（木田明理）

小学生の頃、私は広島県の瀬戸内海に浮かぶ離島、大崎上島(おおさきかみじま)に住んでいた。いつも透き通っている美しいふるさとの海は、今も変わらず私を温かく迎え入れてくれる。私のおじいちゃんもおばあちゃんも、みんな上島の海で遊び、海から見える花火や夕日を見て、海で育てたかきやえびを食べて、海と共に育った。きれいな海が身近にあることをほこりに思いながらも、どこか当たり前のように感じていた。

私たちの小学校では、海に関する活動をたくさんしていた。海で生き物観察をしたり、海の清掃活動をしたりしていた。地元の漁師さんや養殖場を経営している方のお話を聞きに行ったこともある。そんなある日、スナメリ観察をすることになった。上島の高等専門学校にある大きな船に乗せてもらえると聞いた私たちは大喜びした。事前学習でスナメリは汚染物質を体に貯めやすく、きれいな海にしか生育しないということを知って驚いた。それと同時に、そんな環境に住んでいることを改めて嬉しいと思った。スナメリ観察の前日はわくわくして、いつもより早く寝てはりきっていた。

しかし、スナメリ観察の当日、私たちの顔は曇っていた。二、三時間海を見続けてもスナメリは姿を現さな

いのだ。操縦士さんによると、昔はもっとたくさんのスナメリが見られたのだそうだ。その日は結局、スナメリらしき影を一頭見つけただけだった。学校に戻った私たちは、スナメリについて詳しい方のお話を聞いて、船との衝突や海の汚染でスナメリが減少していることを知った。すごくショックだった。何かできないかみんなで考え意見を出し合った。そして、一ヶ月後に行われる秋祭りで呼びかけをすることを決めた。それからはとても慌ただしい毎日を過ごした。

そうして迎えた秋祭りの日。結果は大成功だった。ステージで行った発表もスライドを効果的に使いながら堂々とできたが、何よりも良かったと思ったのはチラシ配りだ。海を守るためにできることやスナメリを取り巻く問題についてをまとめたものを行き交う人達に渡していった。小学生が一生懸命呼びかけながらチラシを配る姿を見てわざわざチラシを取りに来てくれた人や「もっと詳しい話を聞かせて。」と質問してくれた人もいた。一番心に残っているのは地元の漁師さんが屋台で魚料理を売りながら、私たちと一緒に声を出してくれたことだ。海を守りたいという思いでみんなが一つになっていくのを感じた。

いつか大崎上島の海にスナメリが戻ってくることを願っている。大崎上島の海だけではなく、日本中たくさんの海にスナメリが住めるようになってほしい。そのために、まずは現状を知ることが大切だと思う。海について学び、問題点に目を向け自発的に行動する。そんな人が増えていけば世界中の海が美しく輝く日が来るだろう。

（高梁川流域実行委員会）

挿絵＝高木優奈　たかぎ・ゆうな
二〇〇二年、愛媛県生まれ。倉敷芸術科学大学芸術学部在学中。

選考委員特別賞

他人ごと

【選評】 豪雨でクラスメートの家が水没してしまった——本作では、被災した一家を自宅で受け入れるまでの筆者の心象を背景にしながら、災害時に人々が抱く緊迫感や衝撃、また安堵感が臨場感をもって綴られている。

自分には関係ない——この心情を表す言葉である「他人ごと」に対して、緊急時に友人一家を自宅に迎えた筆者にとって、この災害は「我がこと」である。その彼我（ひが）が抱く心情の落差を、見事に描き切っている点を評価したい。（岩崎幸一郎）

原田芽佳（はらだめいか）
（福岡県立輝翔館中等教育学校三年）

窓の外で雨が降っている。今日は平日だが休校だ。外に出なくて良い。だから、外に出ることさえしなければ、横なぐりの雨も、荒れ狂う風も、鳴り響く雷でさえ他人ごとだ。そう、思っていた。

「おかけになった番号は……。」

翌日、親友と連絡が取れなくなった。雨はより一層勢いを強めている。きっとこの雨のせいだ。ラインの既読もつかないし、電話だって繋がらない。他の友達も、その子と連絡がつかず、クラスのグループラインで騒ぎ始めた。焦って、二階からリビングにいる母に大声で聞いた。

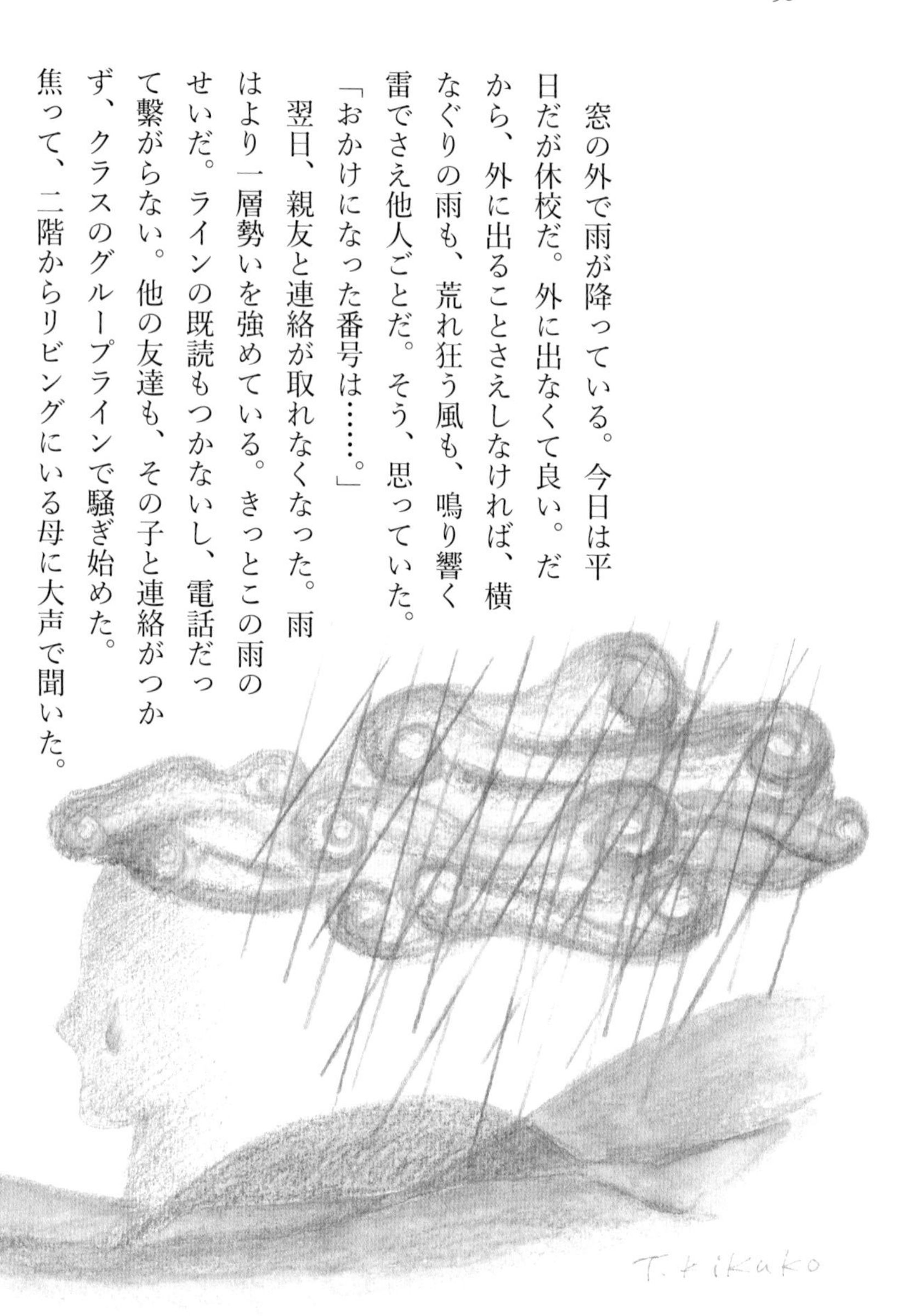

母も連絡がつかないという。心の中で黒いモヤが広がっていく。その瞬間、母が見ていたニュースに速報が入った。親友の家が、完全に水没していた。

　サァッと血の気が引いたのは自分でも分かった。と同時に、黒いモヤが全身を一瞬で駆け抜けた。手足がカタカタと震える。母も画面を見て固まっていた。静まりかえった部屋に、ニュースの音声と雨の音が響いている。そして、その音は徐々に小さくなって消え、それと同時に記憶もプツンと消えた。

　どのくらいたっただろう。部屋はカーテンが閉まっていて、薄暗い。窓の外では、雨が降っていて、とても時間が進んでいるとは思えない。私はリビングのソファーで寝ていた。隣のテーブルの上には私のスマホと一枚の置き手紙が置いてあった。立ち上がってパチンと電気をつけ、その手紙に目を落とした。

「○○ちゃんはさっき救助されたって。ウチが無事で安全だからしばらく○○ちゃん一家はウチで過ごします。今から、避難所に迎えに行ってくるね。家でお留守番しててね。母より」

　母からだった。読み終えて、ふと、母も流されたらどうしよう、と変に汗をかいたが、それも杞憂に終わった。玄関の扉が開き、皆が安堵の表情を見せたからだ。私はすぐさまみんなに抱きついた。雨で濡れているなんて、関係なかった。

親友が風呂から上がって、リビングでゆっくりしていると、スマホがピロンッと鳴った。見ると、クラスラインの通知が七十八まで膨れ上がっていて、皆口々に呟いていた。

「明日も休校かなー?」

「えー、休校がいい~。」

「それな! 雨もっと降れー。」

「やば笑。まあ私も同意だけど~笑。」

休校がいい、もっと雨降れ、雨乞いしよう。そんなノリが、なんだか辛い。親友は、タオルを強く握り、唇を噛んで震えていた。私達の気持ちは置き去りに、会話はどんどん弾んだ。私は見ていられなくて、すっとスマホを下ろした。


（八女実行委員会）

挿絵＝田中貴久子　たなか・きくこ
福岡県小郡市在住。二〇一七年、福岡県美術展覧会デザイン部門毎日新聞社賞を受賞。

奨励賞

未来からの手紙

桶谷樹志（東京都大田区立嶺町小学校四年）

時は二千五十年。地獄のような日々が続いていた。木は切りたおされ、鳥のさえずりも、もう聞こえない。毎日のように気温は四十度を超えていた。そんな中、一人の少年が一通の手紙をかいた。その手紙は少年の想いをのせ、時空をさかのぼり、過去へと向かっていた。

時は変わって、二千二十三年。

ここにも、また一人の少年がいた。名を、たつしという。ぼくは、ニュースから思わず、目をそらした。環境問題について、取り上げていたからだ。ぼくは、悪いニュースがきらいだ。自分まで、いやな気持ちになる。

「自分には、関係ない。」

そう、思う内に、ぼくは、環境問題を軽視するようになっていった。

そんなある日ぼくに、一通の手紙がとどいた。

「拝啓、ご先祖様」

その手紙に、いっしゅん目をうたがった。だが、その目には、しっかりと写っていた。未来からの手紙が。その手紙にはおそろしい未来が記されていた。その日から、ぼくの生活は変わっていった。まずは小さな事から始めた。しっかりと環境問題に向き合い、ゴミをひろった。いつもでは気づかないゴミまでひろった。だんだんとそのきぼはひろくなっていった。ボランティアにまで参加するほどだ。

昔の自分とはちがったよろこびを感じることは、とてもたッせいかんがあった。

ある日、海へ出かけた。その海は、まるでゴミの海だった。なのにだれも気にかけてはいないようすだ。ぼくは何を考えるひまもなくゴミを拾い始めていた。気づくと、もう夕方になっていた。だが、まだ、いっこうに終わらない。

ぼくは、かんばんを立てた。「ゴミ禁止」と書いて。

次の日、海に来てみれば、とたんにむねがいたんだ。ゴミはへるどころかさらにふえている。ぼくは、もう、泣きだしそうになった。その時、かたにぬくもりを感じた。ふりむくと、そこには、きぼうのそのもののように、かつて、ボランティアをした仲間がいた。

「いっしょにやろう」

その言葉にぼくはどんな顔をしていただろうか。

泣いていたか、笑っていたか、それがいま分かった。

「どっちもだ。」

それぞれゴミを拾い、声をかけあった。またたくまに、時間がすぎた。

いつしかその海は、ゴミがないことで、いちやく、有名になっていた。

次の日、ぼくは、ひさしぶりに手紙を見た。すると、手紙の内容はかわり、すばらしい、未来の写真があった。心から、うれしかった。

小さな意識の積み重ね

後藤結衣(ごとうゆい)（東京都大田区立大森第六中学校三年）

「多摩川(たまがわ)はあばれ川だった」との資料をみつけ、信じられなかった。多摩川は小さい頃から兄の野球の練習や試合を見に行ったり、ソリや段ボールを持って土手を滑って遊んだりした思い出深い場所である。私が知っている多摩川と「あばれ川」という言葉は中々結びつかなかった。

多摩川は古くから何度も大雨や台風による大洪水を起こし、地域にかなりの水害をもたらしていた。多摩川は江戸時代から農業用水や生活用水として大切な川であるが、同時に地域住民を水害から守る必要があった。そのため自然環境に配慮しながら景観保全を行う護岸建設に長い年月が費やされた。おかげで、多摩川は「あばれ川」から私が知っている穏やかで落ち着いた川になっていた。

　数年前、青梅市（おうめし）の多摩川上流で家族とラフティングをした。緑に囲まれ大きな岩の間を流れる川の速さと激しさ、そして冷たさは、私が見慣れた下流の川とは全く違った。それと同時に、奥多摩のさらに奥の上流から東京湾（わん）まで流れる多摩川の長さを実感し皆で川の大切さを再認識した。ラフティングの後、透き通る川の中でニジマス釣りをする機会があったが、多摩川は「あばれ川」という別名に加えて「死の川」と呼ばれるほど汚染されていた時期があったことを係の人が教えてくれた。高度成長期の産業と人口の集中により工場排水と生活排水が増え多摩川は汚染されていったそうだ。その後、長い期間をかけ下水道普及、排水規制などいくつもの対策で多摩川はよみがえった。大規模な対策に加えて近隣住民や有志の方々は魚が生息できる川を目指した。調べてみると川底の苔は鮎のエサとなり、水をきれいにする効果があった。鮎が苔を食べることで、次々に新しい苔が育ち浄化が進むという好循環があると分かった。緑の美しい苔により、鮎が生息できる環境へと水質が改善された。

「あばれ川」「死の川」は川と共存する人の意識と行動で更に改善された。人間の意識と小さな積み重ねが対策となり、大きな効果をもたらすことはたくさんある。私の通う中学では、近くの洗足池（せんぞくいけ）の自然を守るために毎週、清掃活動を行っている。落ち葉掃きや吸い殻拾いを続けることで、環境の改善を目指している。また、毎年放流したホタルの幼虫が、七月末ごろに羽化し、美しい光を放っている。人間の意識により自然は浄化して、人に安らぎを与えるというサイクルをもたらしてくれる。特にこのコロナ禍では自然が人に与えた影響は大きかったと思う。そのため、これからは今まで以上に身近な自然と共存していきたい。私たちが生活用水に気を使ったり、ゴミを減らしたりするだけでも川へはいい作用をもたらすと思う。小さな意識を積み上げて、近くの多摩川で鮎の遡上を、洗足池ではホタルの光を見られることを願いたい。

ひとりぼっち

横田碧生（よこたあおい）（東京都大田区立大森第六中学校三年）

あるところに
年老いた　ひとりぼっちの
ライオンがいました
そのライオンは　大きく　強いので

仲間たちから尊敬されていました
そのライオンは　かしこいので
動物の心を　悟ることができました
人間の心も　同じでした
そのライオンは
たくさんの家族と暮らしていました
でも　今は　ひとりぼっち
森は　枯れ　焼かれ
太陽が　大地を裂き
川は消え　海は汚れ　山は崩れ
代わりに目につくものは
人間の都市からやってくる
ごみの山
獲物は死に絶え　仲間も死に
家族も子どもたちも死に
よく体を休めていた大木も

死んでいました
ひとりぼっちのライオンは　飢え
飲む水もなく　あてもなく
焼けた森を　裂けた大地を
さまよっていました
あるところに
若い　ひとりぼっちの
少年がいました
その少年は　心が豊かなので
自然の心を悟ることができました
動物の心も　同じでした
その少年は　母と　兄弟と
少しの友達と　暮らしていました
よく　兄弟や友達と
森や　川で　遊んでいました
でも　今は　ひとりぼっち

森は　枯れ　焼かれ
太陽が　大地を裂き
川は消え　海は汚れ　山は崩れ
代わりに目につくものは
都会からやってくる
ごみの山
家畜は死に絶え　友達も死に
母も兄弟も　死にました
ひとりぼっちの少年は　飢え
飲む水もなく　あてもなく
焼けた森を　裂けた大地を
さまよっていました
あるとき
少年は　人に　声をかけられました
都会の　密猟者のようでした
少年は　何か仕留めたら金をやる

と言われ　ライフルを渡されました
その日の夕方
ひとりぼっちの少年は
ひとりぼっちのライオンに
出会いました
飢えた少年は　お金がほしいのです
ライオンにライフルを向けました
ライオンは　少年の心を悟りました
少年も　ライオンの心を悟りました
ライオンも　少年も
お互いを傷つけたくないのです
少年は　目に涙を　ためていました

あなたがライオンだったら
身を守るため　少年を殺しますか
あなたが少年だったら

ライフルの引き金を　引きますか
あなたが何かを買うことで
少年やライオンが傷つくとしても
あなたはそれを　買い続けますか
あなたがさっき捨てたごみが
森を焼き　裂けた大地に積まれても
あなたは　捨て続けますか

悪意はなくても

杉浦紗弥（すぎうらさや）
（静岡県静岡市立蒲原中学校一年）

「松明たいてきて。」

お盆中に家族から言われたこの言葉。私の家のお盆では毎年十三、十四、十五日の三日間にお墓と家の前で松明を燃やします。十三日は先祖を迎えるための迎え火、十四日は無縁霊や諸霊を招くための中火、十五日の最終日にはお見送りをするための送り火をします。

そこで毎年当たり前のように燃やしているこの松明は、森林伐採の影響にならないのか、また燃やしたら二酸化炭素は排出されないのかと考えるようになりました。

まずは松明に使用されている木材について調べてみました。松の木の樹脂の多い部分を使っていることがわかりました。さらに、間伐材といって間伐の過程で出てきた余分な木材を使用していることがわかりました。また、間伐を行わずに過密なまま放置すると樹木はお互いの成長を阻害し、形質不良になってしまいます。残った樹木が成長することにより、木材の価値も高くなるので間伐は重要な役割を果たしています。

こうして採られた間伐材の用途は松明の他に建築材や木炭、バイオマス燃料や文房具、ペット用品として色々な道で使われています。調べた結果を見て私は、ＳＤＧｓの十五番の陸の豊かさも守ろうという目標に似ているなと思いました。このことから松明に使用されている木材は、森林伐採や環境破壊ではないということがわかりました。

では、松明を燃やした際に二酸化炭素は排出されるのかという疑問について調べました。松明は、先端部分にある乾いた布に油を染みこませているそうです。またそれを燃やしたときには、熱で油が分解されてガスになります。木材でできているので燃やしたときには煙が出て、二酸化炭素も排出されます。またガスになっているので環境にはあまりよくありません。このことから松明を燃やすという行為は地球温暖化に影響してしまうということがわかりました。

母から聞いた話では、千葉だとお盆の時期には松明ではなく、お墓から家までの道角にお線香を置いていくという文化があるそうです。ご先祖様が迷わないように角々に差しておくそうです。この方法なら一回の量だと松明より二酸化炭素の量が少ないし、松明に使われていた間伐材も他のものにあてることができるので道角にお線香を置いていくのはいいと思います。

お盆期間に新しい発見がありました。いつもやっていること、当たり前のようにしていることをもう一度考え直すことが大切なのだと感じました。そして、地球温暖化が進まないことを私は願っています。

見て見ぬふり

工藤莉美（くどうりみ）（静岡県藤枝市立高洲中学校二年）

「静岡の海は綺麗だ」——そう思っていた。しかし、私は現実を知ってしまったのだ。今年のゴールデンウィークに、母と静波（しずなみ）海水浴場に出かけた。海は家族連れやカップルで賑わっていた。久しぶりに海へ行き、自然の美しさを感じた。しかし車に乗り込もうとしたとき、私は目を疑った。砂浜に大量の空き缶や、プラスチック製のトレーが捨てられていたのだ。中には変形していたものも、一部が埋まっているものもあった。相当な期間放置されていたのだろう。私は戸惑いつつも、何もすることができなかった。

ゴミを拾うべきだということは分かっていても、周囲からの視線が気になり拾えなかった。周りの人も、その放置されたゴミを見ては見ぬふりをし、そのまま通り過ぎていく。海洋汚染や海へのゴミ放棄が扱われているニュース番組などを確かに目にしたことはあったが、そんなにひどくはないだろう、大丈夫だろうと楽観視していた部分が大きかったのだ。海岸に捨てられたゴミを見たときにすぐに考えることはできなかったが、海から去ってから、ゴミを拾わなかった自分になんだかモヤモヤしていた。

もしそのゴミが海の中に入って、魚が食べてしまったら？　粉々になって、海全体がもっと汚れてしまったら？　そう考えるごとに後悔が大きくなっていく。その魚は死んでしまうのかもしれない。負の連鎖が広がり、海中の生物が少なくなってしまうのかもしれない。

それから二か月ほどが経ったある日、学校の家庭科の時間に話し合いをした。私に振り分けられた問題が、なんと「プラスチックごみ問題」だったのだ。ヒントカードには、網に絡まったウミガメや、海岸に打ち上げられたゴミなどの写真が印刷されていた。私はそのカードを見て、ゴールデンウィークの静波の海を思い出してしまった。危機感がもっと強くなった。

私も含め、「良くないことだ」と分かっていても全くゴミを拾わない人たち。そして、「少しぐらいならいい」と考え、海岸に平気でゴミを捨てる人たち。それは、海を壊し、奇跡の星である地球を壊している人たちだ。

「誰かが拾ってくれるだろう」という他人事のような考えを多くの人が持っているから、誰も拾わずにゴミだけが蓄積され、自分たちの生活まで壊されていく。海に限らず、道路や水田などでもそうだ。

自分の環境への意識が十分とは到底言えないものだったのだと自覚した。どの生物も傷つかずに暮らせるように、一人の地球の住民として意識を高めていきたい。そして、日頃から地球への影響を考えて生活していきたい、そう強く思った。

発展の保証

植田彩花（静岡県常葉大学附属菊川中学校三年）

二人分のコップをテーブルに出す。並々の熱いお茶を、眼前の私はすぐに飲み干してしまった。私の前に座るこの人は、信じたくないけれど、紛れもなく未来の私だった。何でも、最新テクノロジーとやらで過去に飛んできたらしい。そんな目の前の私が言う。

「にしても、お茶が美味しい。懐かしい味だわあ。」

私は思わず、懐かしい味ってと聞き返してしまった。未来の私が笑って答える。

「だって、もう未来(こっち)じゃあこんなの作れないからさあ。こっちは飲み物とか全部総合栄養液だよ。あれまずいのにさあ。」

何でも、その総合なんとやらという液には人間が生きていくのに必要な栄養を全て詰め込んだ飲料物なんだと言う。未来ではそれまでの食料が全て栽培などできなくなってしまったので、そうしているのだとか。現代でも未来でも自然関連はロクなことになってないが、未来では雑草の一本すら生えないほど土壌管理されているらしいので、未来よりはまだマシなのかもしれない。かく言うこの土地も、今ではゴミだらけで町中腐臭まみれだ。

「なのに、カラスは少ないね。」

未来の私が尋ねてくる。

「ほとんど死んじゃったからなあ。」

というか、未来から来ているのにそんなことも知らないのかと苦笑した。でも確かに、生まれて初めてそんな事を意識したかもしれない。未来の私に、他にどんな動物がいなくなったかきかれたので調べてみると、ゴリラ、コアラ、ラッコ、ウサギ、カブトガニ、マグロなんかも絶滅していた。詳しい種類は知らないが。結構減ったねえと画面を見つめる。

温かいお茶を一口すると、まだこの星でやっていけるような心地がした。無論このお茶も、農薬まみれで本当は飲めたものではないが。

ふと、未来の私が空を見上げた。つられて見ると、空は黒色に染まっていた。時計は十八時を指している。予報だと、この後はたしか雨が降る。

「流石にこの服には耐性ないし、体が溶けたらまずいから」

そうして、未来の私はまた遊びに来るとつけ加えてから帰っていった。私は私が残して帰ったコップを、手袋をつけた手で洗いながら、来年最初の日が訪れるのを待っていた。カウントダウンは始まっていて、すぐに次の年の日が来た。これで今日から晴れて二〇三九年だ。生憎お天気は酸性雨だが。来年になってもオリンピックもないし、きっと今年も特にすることはない。そこで私は思いついた。

「移星保険、入っておこうかな。」

そうぞう

安藤李紗（岡山県倉敷市立老松小学校六年）

あるひとは　そうぞうしてみた
今はもうない
とあるわく星のきれいなけしき
すきとおるとうめいな「海」があった
美しく広大な「森」があった
すみわたる真っ青な「空」があった
あるひとは　そうぞうしてみた
今はもうない
とあるわく星のきれいないのち
数えれないほど「動物」がいた
数えれないほど「魚」がいた
多様にいきる「動物」がいた

多彩にいきる「魚」がいた
あるひとは　そうぞうしてみた
今はもうない
とあるわく星のゆたかな「季節」
春夏秋冬「季節」があった
さまざまな「季節」があった
良さがそれぞれ「季節」にあった
あるひとは　そうぞうしてみた
今はもうない
とあるわく星のきれいなけしき
たくさんの島と国があった
今ほど水面は高くはなかった
今ほど暑くはなかった

それはもうずっと遠い昔のこと
まぼろしといわれる世界

自然　動物　地球とよばれた
美しく　とおとく　かがやく
物語と歴史があった

この物語を
「創造」してしまうのか
「想像」で終わらせるのか
それは
あなたしだい　わたししだい
私たちしだい

高梁川のカッパ

中上陽太（なかうえひなた）
（岡山県倉敷市立琴浦西小学校六年）

「行ってきまーす！」たかしはそう言い、学校へと走っていった。通学路の途中、たかしは高梁川（たかはしがわ）を反射的に見る。「あ……。また、高梁川にごみが流されている。流していいのかな……。おっと！　学校に行かなきゃ！」たかしはそう言い、また走り出す。

ここは六—一のクラス。今日もにぎやかな声がする。たかしは「ふぅ〜。間に合った。」と一言。「今日も遅刻寸前だったな。」そう言うのは友達で幼なじみの健太だ。「確かにそうだけど……。」たかしが言うと同時にチャイムが鳴り、全員が一斉に席に座る。そして、先生が来て授業が始まる。たかしにとって授業は退屈なもので、手遊びをしてやり過ごした。

帰りの会で先生が宿題を言うのはいつものことだが、今日は変わった宿題だった。「今日の宿題はＳＤＧｓについて調べてもらいます。それをノートにまとめ、明日発表してもらいます。」その宿題に全員が驚いた。

帰り道、健太が「宿題どうする？」と聞いてきた。たかしが「高梁川について調べてみる？あそこ、カッパがいるうわさがあって、それをみんなに見せたら人気者になって一石二鳥だし。」と言うと、健太が「それすごく名案！　よし、放課後に高梁川集合な！」「分かった！」二人はそう言い、家へ帰っていった。

放課後、二人はカメラとノートを持って高梁川に集合した。二人が今か今かと待っているとそいつは現れた。頭の皿に緑色の肌。カッパだ!!　するとカッパが「お前ら、なーにやってんだ？」と言ってきた。二人は「宿題で高梁川について調べに来ました。」と一言。それを聞き、カッパは高梁川について話し出した。「高梁川は岡山三大河川に入るでっけぇ川だ。その中でも一番でけぇ。だが、その高梁川が今ピンチになっている。何でだと思う？」カッパの質問に二人が首をかしげていると、カッパが「お前ら、なーにも知らねぇんだな。」と馬鹿にした。「高梁川にごみが流されているの、お前も見たろ。あれが問題だ。」たかしは朝の出来事を思い出した。カッパは「高梁川にプラスチックごみが捨てられて、それが瀬戸内海に流れてんだ。それを海ごみっていうんだ。」と説明した。そして説明を続けた。「その海ごみによって海が汚されたり、生き物が命を落としたりなどの被害を受けるんだ。また、漁に使う網も破れちまうんだ。」「なぁ……。プラスチックなら回収できんじゃねぇのか？」と健太は質問した。「いや、プラスチックは更に細かいマイクロプラスチックになっちまう。そうなれば回収は困難だ。だが、ごみを減らすことはできる。考えてみな。」二人は頭をひねり、「いらないものは買わない。」とたかしが、「ごみは分別する。」と健太が意見を出した。カッパは「そうそう、そのようなことをやれば安心だ。頑張るんだぞー。」と言い残し、消えていった。

カッパのいた所にはキュウリがあり、二人はキュウリを食べてみた。キュウリはみずみずしくて、ほんのり甘かった。

地球にやさしい通学

藤村明梨（岡山県岡山理科大学附属中学校一年）

私は、春から電車とバスを使って通学している。入学前、何度か母と一緒に通学の練習をした。自分が望んで入学を決めたとはいえ、毎日一時間以上かけて通学すること、一人で電車やバスに乗ることはとても不安だった。しかし、何度か通学練習をしたことで、少しずつその不安な気持ちは薄れていった。これからどんな中学校生活が始まるのだろう。少しワクワクする余裕も生まれた。

そんな風に不安や希望を胸に、春から公共交通機関を使っての通学が始まった。電車とバスの定期券を、伸びるキーホルダーのついた定期入れをリュックに取り付け、母と練習した道順を思い出し、同じ制服の仲間の背中を追いながらちゃんと一人で学校に到着できた時には、とてもうれしい気持ちになった。すぐに友達もでき、公共交通機関を使っての通学に慣れてきた頃、事件は起きた。

梅雨が明け、日差しが強くなってきた初夏のある日、駅に着いて血の気が引いた。なんと、定期券が無いのだ。キーホルダーの先が曲がり、定期券があるはずの場所には何もついていない。このままでは、電車にもバスにも乗れない。そう思い、慌てて母に電話し、たまたま休みだった父が学校まで送ってくれることになった。車での通学中、激しい渋滞に何度も巻き込まれ、一時間以上かけてやっと学校に着いたときには、始業時間ギリギリだった。帰りは、財布を握りしめ、切符を買って帰宅した。帰宅して、母が交番に問い合わせて定期券を受け取って帰ってくれたこと、父が帰りにいつもより早めに給油して帰ったことを聞いた。二人に感謝の言葉を伝えた。

翌日から、またいつも通りの日常が始まった。今まで気にしていなかったが、公共交通機関を使っての通学は、渋滞に巻き込まれて安定しない到着時間やそれに対する不安などがなく、満員で息苦しい以外は、単語を覚えたり本を読む時間ができる、とても有意義な通学時間だったと知った。また、父からいつもより早く給油したと聞いて気付いたが、公共交通機関を使うことにより、車の利用が減り、二酸化炭素の排出量が減る。すなわち、地球温暖化防止につながっていると気付いた。駅に、パークアンドライドと書かれた広告も見付けた。自動車でなく、公共交通機関を積極的に使うことで、地球温暖化防止の一助となる。私にもできる活動だと思った。

先日、路線バス無料デーが開催されていた。母を誘って、バスを使って街中まで出かけた。普段は車で行く道のりをバスから見るのは新鮮だった。母との会話の中で、運転中は周りの景色を見る余裕がないので、バスに乗るといろいろと発見があるとの話が出た。母との話も弾んで、ただ買い物をするよりも有意義な時間を過ごすことができた。

中学校に入学して約半年。水が満たされた田んぼ、田植えの時期を越え、今車窓からは刈入れ前の穂が見える。四季折々の景色を楽しみながら、地球にやさしい通学を続けたい。

魚になりたい

田代治詩（たしろはるし）（岡山県倉敷市立西中学校三年）

僕は人間だけど、魚が大好き。生まれ変わったら魚になってスイスイ海や池や川の中を泳いでみたい。いつもそんな夢が叶わないかと思いながら生きている。そんなある日僕は自分の部屋で魚図鑑を見ながら魚のスケッチをしていた。いつもの日課だ。その日は夜遅くまでしていたので、ベッドで横になるとすぐに眠ってしまった。そして不思議な夢を見た。

僕は一人砂浜に立っていた。波がザーザーと打ちよせている。近くで「ピシャ」と音がした。魚がはねたのだ。そしてその魚はこう言った。「君も魚になりたいかい？」僕は勢いよく何回もうなずいた。すると一瞬目まいがした。目を開けてみるとなんと魚になっていた。周りにもたくさんの魚がいた。それは今までスケッチで描いてきたお気に入りの魚達だった。僕はうれしくなってその魚たちの元へと泳ごうとした。しかし中々距離が縮まない。何故か体が動きづらいし、海面や水中を漂流している様々なものが邪魔になっている。ふと視界の端に何かが映った。よく見てみるとそれは自分の体に引っかかっていた網だと気づいた。僕はヒレを動かして外そうとするがなかなか外れない。どうしようかと周りを見ていると他の魚たちも、同じように引っかかっている。すると魚が一匹僕に話しかけてきた。「動きづらいかもしれないけど仕方ないよ」つづけてこう言った。「私なんてエラに網がからまってずっと息苦しいわよ」僕は「大丈夫? 取ってあげようか?」と言ったが「魚じゃからまった網なんか取れないよ」さらに「人間はさ、私たちのことも知らないで、好き勝手して海を汚してさ本当に大っ嫌い」僕は、「でも中には海をきれいにしようと頑張っている人もいるよ」しかし魚は、「でもそれって一部だけの人間じゃない? 海の恩恵を受けているのにもかかわらず。自分は関係ないとかそんなこと言って、責任逃れしようとしている人だって大勢いるし、そんなことしておいて、海が好きとか魚が好きとか言っている人間もいるわ」その言葉が僕に刺さった。僕はゴミを投げ捨てたりはしていないけれど、海をきれいにする活動をしたことも、しようとしたこともなかったのだ。しかし僕は言い返そうとして口を開けた。その瞬間「ジジジ」目覚ましが鳴った。体を起こし、止めようとするが、シーツが網のようにからまり動きづらい、手でほどいて目覚ましを止め、部屋を見わたす。今まで見てきた魚が泣いているように見えた。自分が変わらなきゃいけないと、思った。

魚好きの僕が守りたいもの

田村　豪（岡山県倉敷市立東中学校三年）

僕の大好物はアナゴの寿司だ。アナゴはここ岡山の港でもたくさん捕れていて、名物のちらし寿司には欠かせないものの一つだ。そんな魚好きの僕がショックを受けたニュースがある。それは、名産のアナゴやシャコを始めとする瀬戸内海で捕れていた魚が、最近急に捕れなくなっているということだ。理由はたくさんあるようだが、一番大きな原因と考えられているのは、「海がきれいになりすぎた」ということだそうだ。

去年「ＳＤＧｓを考える」シンポジウムのオンライン座談会に参加した時に初めて知り、衝撃を受けた。これまでに、クジラや小魚、貝のお腹の中にぎっしりとマイクロプラスチックが詰まっている映像を何度も見てきた。それは毎日着る服の糸くずや人工芝、消しゴム、ボールペンなどのプラスチック製のあらゆる日用品がマイクロプラスチックとなり、川や海へと流出したことが原因だ。そのため僕は、川や海のゴミを減らすためにできることばかりに気を取られていた。ところが、問題はそれだけではなく、川や海がきれいになりすぎたということにもあったのだ。この「きれい」というのは、ゴミが少ないということではなく、「窒素」や「リン」が少なくなりすぎたということだったのだ。

三十年程前のこと、洗う力が強くて、便利だということでリンを含む洗剤が登場し、たくさん使われ始めたり、工場からの排水によってリンや窒素が大量に流出した。そのせいで、赤潮が度々起こり、多くの魚が死んだ。そこで水質を改善しようと、下水道整備や工場排水の浄化などの工夫がされた。ところが、今度は窒素やリンが少なくなりすぎたというのだ。つまり、窒素やリン自体が悪いのではなく、多すぎたのが悪かったのだ。むしろ、それらは海の動植物にとってなくてならない栄養源であるということにも目を向けなければならなかったのだ。

環境を守るためには、一つの面「だけ」を見て良かれと思って行動を起こしてしまっては、良くなるどころかますます悪い結果も起こりうるということだろう。それを防ぐには、多くの立場の人の意見や資料を参考に、総合的に考えることが必要だと思う。そして何より、一度人間が手を加えて、自然のバランスを崩してしまうと、元に戻すことは非常に難しいということに気が付いた。山も川も海も、きっと宇宙も……。人間の都合や欲望だけでどんどん変えていってしまっては元に戻せなくなってしまうのではないだろうか。便利な生活に慣れると、不便な生活には戻りたくなくなる。技術の発展により、ありがたいと感じることも多くある。しかし、やりすぎてはいけないのだ。大切な山や川、海を守るためにも、自分たちを守るためにも、「欲張りすぎないこと」を常に心に留めておかなければならないと思う。

きれいな水のやべ村

月足匠心（つきあしたくみ）（福岡県八女市立矢部清流学園二年）

「ぼく、ホウネンエビのえをかいたよ。」

と、おかあさんに話しました。

「えっなに、それ。」

と、おかあさんが聞きました。

「田うえのときに見たよ。」

と言いました。おかあさんは、ホウネンエビを知らないなんてびっくりしました。

「目がとっても小ちゃいよ。エビはとう明なんだけど、しっぽだけ赤くなってるよ。エビはほそ長いはっぱみたいだよ。」

と、話しました。おかあさんは、

「田んぼにそんかエビがおるなら見たいな。」

と、言いました。アメンボやおたまじゃくしやカエルさんたちしか思い出せなかったよう

でしたよう

「ホウネンエビは、きれいな水の田んぼにしかいませんよ。と、先生が言ってあったよ。」

と、おかあさんに話したら、

「そうね、やべ村の水はきれいかもんね。」

と言っていました。ぼくは、夏休み、おかあさんから、

「川に行くよ。」

と言われて、たくさんやべ川に行きました。やべ村の川は、すごく水がすきとおっている

ので、川のそこの石ころたちがよく見えます。ぼくは、石のコレクションをはじめました。

十一こぐらいあつめました。はのように白い石があったので、うれしかったです。

夏休みがおわって、先生に

「ホウネンエビをかいたえが賞に入ったよ。」

と、言われました。それをきいて、うれしかったし、かいてよかったなあと思いました。

これからも田うえのときに見たホウネンエビのことはずっと大人になるまでおぼえてお

こうと思います。

やべ村の水がきれいだから、ホウネンエビを田うえのとき見ることができてよかったです。いねかりのときはホウネンエビはいるのかな。いねの中に入っているのかな。

水がきれいなやべ村大すきです。

ぼく達の海の中

平田有紗（ひらたありさ）（福岡県柳川市立豊原小学校五年）

目が覚めた。今日もぼくは急いで、広い広い海の真ん中へ行く。そして、

「おはよう。海様、今日は何をすればいいですか。」

と聞く。海様は、

「おはようカクレクマノミ。今日も、あの陸からきたゴミ達でこまっている魚たちを助けてやれ。」

とひびくような、きびしい声で言った。ぼくはその場をすっと後にした。そして見回りをはじめた。そこらじゅうに陸からきたゴミが落ちている。十分ほど泳ぐと小さな子ども魚がこまった顔をしていた。話を聞くと、いつも遊んでいるサンゴ広場にとう明のふくろが

からまっていると言った。見に行ってみるとぼく一人の力ではどうしようもないくらいの大きさだった。ひっぱってみても全くとれない。ぼくは二キロほどはなれた穴にすんでいる力もちの魚たちにたのみに行った。そしてサンゴにからまっていたゴミを動かしてもらった。魚たちはとてもつかれた様子だった。しかし子ども魚のよろこぶ顔をみて安心していた。ぼくは往復四キロ泳いだもんだからヘトヘトだった。でもこの海のためだと思いました泳ぎ出した。しばらくすると、とても大きなたくさんの魚の声が聞こえてきた。行ってみるとそれは魚のおそうしきだった。亡くなったのは食いしんぼうで有名なぼくの友達だった。いつものようにごはんを食べていたそうだが、その中にあったプラスチックをのみこんでしまい亡くなったそうだ。ぼくは泣いた。くやしかった。陸の上のだれがゴミをすてたんだとずっと考えていた。友達がいなくなったんだ。ぼくは力をなくして海様がいる海の真ん中へ行った。ぼくは泣きながら海様に話した。海様は、

「いつか陸の人達がゴミをすてなくなればいいのにな。そうすれば、みんな幸せにくらせるのにな。」

とさびしそうに言った。ぼくは家に帰って、ずっと亡くなった友達との思い出を考えていた。そして、おねがいだからぼくたちの海を大切にしてくださいと心の中で強く願った。

大自然に生きる

入部　爽（福岡県八女市立岡山小学校六年）

ぼくは、屋久島の大きな杉の木。みんなはぼくのことを「屋久杉」と呼んでいる。人々が森のめぐみである木の実や山菜、きのこなどの植物をとって食べていたころ。縄文と呼ばれる時代に生まれたんだ。そこから二千年以上……ぼくは、時代の移り変わりを見つめながら、大きくなってきたよ。

この前、八女からはるばると、小学生のそうくんがやってきた。なんと、九州最高峰の宮之浦岳登頂を目指すという。初めての屋久島はどうだったかな。そうくんは、ぼくの大きさや力強さに感動してくれた。ぼくはただ立っているだけなのに、そうくんを感動させることができたんだ。他にも、地上では、南の島でさくような花がさいているのに、高い山の上では北海道に生息しているような植物を見ることができることにおどろいていたよ。日本の美しい自然が、ここ屋久島にはたくさんつまっているんだよ。

でも最近、その自然がかわってきたんだ。屋久島が世界自然遺産に登録されてから、人がたくさん来るようになって、ぼくの周りがにぎやかになったんだ。ぼくたちに会いに来てくれるのはとってもうれしい。だけど、ちょっと心配していることがあるんだよ。たくさんの足音や声が聞こえてくるようになって、ぼくやぼくの大切な仲間の命がおびやかされているんだ。

だからぼくは、そうくんに伝えたいことがある。自然を大切にしてほしいってこと。きれいな空気や水、たくさんの生きものたち。みんな、ぼくの大切な仲間なんだよ。だから、ゴミを捨てるときはちゃんとゴミ箱に捨て、木や花を大事にすることを忘れないでほしい。ぼくの森を訪れるときは、足元の命たちにも目を向けてほしいんだ。花之江河(はなのえご)は湿原が広がっていたよね。ここには、ミズゴケやコケスミレ、ヤクシマシャクナゲなど、ここでしか見られないたくさんの命が輝いているんだ。この命も大切にしてほしい。自然を楽しむことと、自然を守ることは、どちらもおなじくらいとても大切なことなんだよ。

宮之浦岳を目指していたそうくんは、悪天候で頂上まで行くことができなかったらしい。とても悔しそうにしていたよ。だけど、

「来年また会いにくるから。それまで元気にしていてね。」

と言って、屋久島を去ったんだ。

これからもずっとぼくはここにいて、みんなを迎える準備をしているよ。どんな時でもぼくは変わらずにここでみんなを見守っているから。ぼくは、ぼくをほこりに思っている。

屋久杉であること、大自然の中で生きていることを。だから、みんなで大切にしていこう。

過去から未来へとつながるこの大自然のめぐみを。

拾われたゴミ　すみわたる空

有田茜（福岡県八女学院中学校一年）

「あ、ゴミどうしよ。」

暑い夏の日、仲の良い友達と遊んでいた時、ゴミ箱が近くになくて、お菓子のゴミを手に余していた。ゴミがあるのは自分だけで、友達には申し訳ないけど、コンビニにでも寄って捨てさせてもらおうかな、と思っていた。

「めんどいし、ここに捨ててけば。」

「え、でもそれポイ捨てじゃ……。」

「いいじゃん別に。誰か拾ってくれるでしょ。」

「……そう、かな。」

本当は、ポイ捨てとか、したくないんだけど。でも、わざわざコンビニ寄るのも悪いし。

やっぱり捨てよう。一回だけ、だから。

心の中で、言い訳はいくつも浮かんできた。理性はだめだとうったえるけれど、たくさんの感情と口実が許していいと言う。板挟み、と言うには言い訳の方に軍配が上がりすぎていて、私は結局友達に言われた通りポイ捨てをした。ポイ捨てはあまりに呆気なくて、捨てられたゴミに何かを感じた訳ではなかったけど、どこかモヤモヤとした気分が私にまとわりついた。

「さ、行こ。」

「……うん。」

それから友達と遊んでいる間、私はずっと後ろ指を指されているような気分だった。

別の日。ポイ捨てをした時とは別の友達と遊んでいると、道端に捨てられたゴミを見つけた。ふと、あの日のことが浮かぶ。どこか居たたまれなくて、私はちょっと早足でそこを通り過ぎようとした。

その時、友達はゴミの前にかがんだ。そして、捨てられたゴミを、まるで普通のことかのように拾った。

「拾う、の。」

「うん。私、こういう捨てられたゴミ、いつも拾ってゴミ箱に捨ててるんだ。」

瞬間、頭の中であの日のことがフラッシュバックした。友達に悪い、とか、一回だけ、とか、そんなことばかり考えていた。けれど、それって本当は『友達のため』とか、そんなご立派なものに見えるだけの自分の浅はかさだったんじゃないか。本当にあれは『友達のため』のことだったのか。

きっと違う。あれは私の自分への甘えだ。

「……変、かな。」

「ううん、ううん。そんなことないよ。変なんかじゃない。ねえ、私にも手伝わせて。」

友達は少し目を見開いて、けれどすぐにうんと言ってくれた。

結局、その日遊んだ時間の半分はゴミ拾いになったけれど、私の心は今まで友達と遊んだどの日よりもすみわたっていた。あの日まとわりついてきたモヤモヤはもうどこにもいない。私は晴れやかな気持ちで空を見上げた。見上げた空は雲一つない、きれいな朱色の空だった。

イメージで語る環境問題

中島怜胤（なかしまれいん）（福岡県八女学院中学校二年）

最近、ニュースで「原発処理水」という言葉をよく聞きます。この言葉を聞いて良いイメージを持つ人は、少ないと思います。また、「原発処理水」を海に放出することに対する近隣国の非難や批判も報道されています。

しかし、この避難や批判はイメージによるものではない、と言いきれるでしょうか。非難している人全てが「原発処理水」を海へ放出することによる弊害について調べて非難しているのでしょうか。

そもそも「原発処理水」には何が含まれているのか調べてみると、次のようなことが分かりました。中に入っているのは、汚染水を処理した後に残るトリチウムなどの放射性物質を含んだ水だということ。トリチウムとは、三重水素という水素の仲間で、大気中の水蒸気や雨水、海水、水道水にも含まれ、私たちの体内にも微量のトリチウムが存在しているということ。水の一部として存在するため、水から分離して取り除くのが難しいということが分かりました。

また、トリチウムは通常の原子力施設の運転に伴っても発生し、各国の基準に基づいて薄めて海や大気などに放出されています。

そして、国内の原発では一リットルあたり六万ベクレルという基準以下であることも確認した上で海に放出されています。これは、事故の前も行われていた事です。

僕は、基準値以下なら問題ないと思うし、他の国でも行っていることを日本だけが非難されるというのは、不条理だと思います。それでも、トリチウムは放射性物質なので人体への影響が心配です。

トリチウムが出す放射線はエネルギーが弱いので、人体への影響は外部からより、体内に入った場合に体内の物質と結合して濃縮するのではないか、という懸念があります。こうした懸念に対して国は

「体はＤＮＡを修復する機能を備えている。」

「これまでの動物実験や疫学研究からは、トリチウムが他の放射性物質に比べて健康影響が大きいという事実は認められず、マウスの発がん実験でも自然界の発生頻度と同程度だった。」

としているそうです。

僕は、マウスと人間は違うし、大丈夫と言われても実際に影響が及ばなかった時にしか

大丈夫とは思えません。ただ今は、基準値以下の低濃度で海か大気に放出するのが現実的な選択ではないかと思います。

このように、実際に調べたり考えたりすると、最初のイメージと変わることは多々あります。イメージだけで判断することによって、今、福島県の漁業関係者は多くの風評被害に苦しめられています。環境問題は、ただ言葉通り環境に対する問題だけでなく、国際問題や社会問題も引き起こします。だから、僕たちは、環境問題についてイメージで語ることをやめ、よく調べて多方面から考えなければならないと思います。

本当のかっこいいって

松本くるみ（福岡県立輝翔館中等教育学校二年）

クラスメイトの七人で浜辺でバーベキューをした日の事だった。女の子は私を含めて五人、男の子は二人居た。

丁度バーベキューの準備が終わったころだ。ハルカちゃんが袋から豚肉を取り、網の上に乗せて焼き始めた。皆はお肉が焼ける音を聴いて歓声を上げた。もちろん私もそう。それから、私が紙皿を用意しようとしたら、先程ハルカちゃんが豚肉を取り出した後のビニール袋が砂の上に落ちていたのだ。

「ハルカちゃん、ビニール袋落ちてるよ。」

私がそう伝えると、

「ああ、別に良いよ。」

と返された。良くはないと思う。でも、もしかしたら後から拾うからという意味なのかもしれないと思い、気にせずに紙皿を用意していた。

あれから数十分経った。バーベキューの火は消え、私達の周辺は橙に染まり始めていた。

「いっぱい食べたね。そろそろ片付け始めようか。」

と、一緒に居たアカリちゃんが皆に声をかけた。

(そういえば、ハルカちゃん、ちゃんと袋拾ったのかな。)

ふとさっきのビニール袋を思い出した。確認してみると、さっきのビニール袋はまだ拾われずにそのまま置いてあった。それだけじゃない、その後焼いた牛肉や野菜の袋も置いてあった。きっと今から片付けるんだよね、そう信じた。だけど、この前見たカメがビニール袋を食べて亡くなったというニュースを思い出して、少し心配になった。大丈夫かな、と考えていると、何も言わずに袋を回収した人が居た。それは私でもハルカちゃんでもなく、ナオトくんという男の子だった。素直にかっこいいと思った。少女漫画みたいな胸キユンとかそういう意味ではなく、人間性としての意味で。ナオトくんは袋を一つにまとめてから、その後も何も言わずに別の場所の片付けを手伝っていた。何で人間性がかっこいいと思ったかと聞かれても、正直何となくとしか答えることが出来ない。

「片付けも終わったし、そろそろ帰ろうか。」

袋については何も気にしていない様子のハルカちゃんは、やっぱりごみを持って帰る気は無かったんだと思う。バーベキューをしていた場所ら辺は一つもごみが落ちていないから気持ち良く感じた。ナオトくんがかっこよく思えたのは、自分だけではなく他の人の事もちゃんと考えて、それも誰かに褒められるためじゃなくて、自分が大切だと思う事をしっかり出来る人だからなのかもしれない。それに、人だけでは無く、他の生き物を守る事にもつながるからなおさらかっこよく感じたんだろうと思った。あの時、まだ置いてあった袋を見て、私も拾えば良かったと少し後悔したけれど、私もこんな人になりたいという明確な目標が出来て良かった。

堀のありがたさ

今村優井（いまむらゆい）（福岡県八女学院中学校三年）

福岡県では筑後川（ちくごがわ）と呼ばれる九州第一の大河があり、その下流部には約四万五千ヘクタールの平坦な水田が広がっています。ここでは堀（クリーク）が大小無数に網の目のように発達しており、私が住んでいる町でも堀を活かした農業が行われています。

しかし、堀と聞くとあまり良いイメージが無いという方もいらっしゃいます。例えば、日本で今、最も問題視されているというブラックバスやブルーギルなどの外来種が生息していたり、事故が多かったりというイメージです。確かに、そのようなイメージは実際に起こっています。

しかし、それ以上に私たちが堀から受ける恩恵はたくさんあります。例えば、台風や大雨などの災害時には貯水池の役目を果たしたり、農業では用水路や排水路となったりして使われています。

私の祖父母は毎年一町三反ほどのお米を作っています。そのときに必要となってくる膨大な量の農業用水として堀の水を使っています。しかし、ほとんどの地域では地下水が使

われています。そこで私は祖父になぜ農業で地下水を使わずに堀の水を使っているのか尋ねました。すると、

「まず農業用水はたくさん水ば使うけん、地下水ば使ったら地盤沈下が起こるのが一つやな。でも一番大きいのは資源を効率的に使うことかもな。筑後川から流れた水と堀に溜まった雨水ば、一時的に貯留ばしてから汲み上げては落水させるっちゅう動作ば、繰り返すことで、循環して反復的に利用されとるけんね。」

と、教えてくれました。それを聞いて私は、堀の水は安定して使うことができ、自然を最大限に活用しているため、とても環境に良い設備であると思いました。

また、もっと堀の水を使うメリットを知りたいと思い、調べました。すると、堀の水を使っている地域では、水をめぐる論争などが少ないことを知りました。その理由は、堀が網の目のように張っているためです。網の目のように堀が入り込むことで町全体に水が行き届きます。そのため水を利用する単位が分散され、個人的に利用できるようになっているのです。

このように、私たちは日々当たり前のように堀の水を利用していますが、それらは全て先人たちの知恵や汗水流しながらここまで完璧に作り上げた努力のおかげなのです。

これらを踏まえ、これから私は食べものに感謝すると同時にそれまでの過程に関わった

全ての人に感謝していきたいと思います。

ホタルの光

大久保紗菜（福岡県みやま市立東山中学校三年）

「ほう、ほう、ほーたるこい。」

私の祖父母の家は、私の家から車で十分ほどのところにある。そばには小さな川が流れていて、そのすぐ裏手には山がある。夜になると辺りは静かで、真っ暗だ。毎年六月初め頃、数日間だけその川にホタルが現れる。

　空が薄暗くなり始めると、バタバタと夕食とお風呂を済ませ、縁側に座布団を持って、部屋中の電気を消してスタンバイ。ゲームもユーチューブもこの日はいらない。いつもは野球中継を見ている祖父もテレビを消してくれる。ホタルはとても繊細で、明るい場所が苦手なため、静かに明かりを消して待つ必要があるのだ。準備万端。

「まだかな。まだかな。」

このワクワクもたまらない。静けさの中に光の点滅が現れる。

「いた。」

思わず叫んでしまいそうな衝動を押し殺す。また別の一つが光る。次々に光が現れる。言葉を発する人は誰もいない。じっと、静かにホタルたちの会話を見守る。とても贅沢で至福の時間だ。

今では、その光は数えることができるほどに減ってしまったけれど、私の母が子供のころは、もっと多くの光に溢れていたそうだ。川の側でしか見られない光も、以前は庭にも迷い込むほどだったらしい。想像するだけでワクワクが止まらない。

ホタルが住むこの川も、最近は夏になると記録的な大雨で、毎年、山の土砂や木々が流れ込んでくる。私が見てきたこの十数年だけでも、ホタルの数は年々減ってきているように感じる。

水中や土中で約十か月間過ごし、成虫になったホタルが野外で光輝きながら飛び回れるのはたった一週間限り。

すべての生き物や環境は、生態系の中で、密接につながり、強く影響し合っている。

私はもう十五歳。この光を守るために、自分本位の生活を改め、責任をもって行動しなければならない。

「あっちのみーずは、にーがいぞ。

こっちのみーずは、あーまいぞ。

ほう、ほう、ほーたるこい。」

Water of Africa

松山柚乃花（まつやまゆのは）（宮崎県立都城泉ヶ丘高校附属中学校三年）

「Water of Africa」。これは、世界の飢えと渇きの問題に取り組む非政府組織であるAction Against Hungerが行っている取り組みだ。実際に現地で病気感染を引き起こしている汚染水をそのままペットボトルに入れ、世界のあらゆる場所で活動に賛同したレストラン、個人店、美術館などで販売するというもので、支援が必要な地域が安全な水を「輸入」するのではなく、汚染水を他国へ「輸出」するのだ。

現在、世界ではおよそ六億六千三百万人の人が安全な水を手に入れられない状況にある。特にサハラ砂漠以南の地域では、その約半数にあたる三億千九百万人の人々が汚染された水源のみでの生活を強いられている。汚染水はコレラや下痢、腸チフスなどの病気感染を引き起こし、毎年約二百万人の子どもが、五歳を迎える前に命を落とすという状況にある。

私が世界の水問題に関心をもち始めたのは、小学五年生のころだった。世界青少年発明工夫展という大会でインドネシアを訪れた際、引率の方に、

「果物や野菜は食べないようにしてください。また、買ってきた水のみ飲んでください。」と言われた。それまで水を買うことが少なかった私は、その理由を調べた。すると海外の水道水には細菌やウイルスが含まれている可能性があり、野菜や果物を洗った水も同様に、安全でない場合があると分かった。それまで水質汚染というのは、アフリカなど、日本から遠い国で起きている問題だと思っていた私は、衝撃を受けた。もちろん、現地に水道が通っておらず、人々が水汲みに行っているわけではないが、アフリカの水問題と同様に、世界中に安全な水を手軽に飲めない地域があり、私が当たり前に思っていた水道水が健康な生活を脅かすということが分かった。

この体験を通して、私は視覚的な情報や実体験が、問題への意識を高めるために重要だと感じた。

その点で、この「Water of Africa」の取り組みは、核心をついた視覚的なアイコンで、瞬く間に人々の心を動かしたといえる。現代社会のネットワークを上手く活用し、世界中の関心を集めたのだ。実際、組織に集まった寄付は、通常の四倍にまで増えたという。これまでとは全く新しいアイデアに思えるが、現地で水質環境の整備に取り組んできた組織だからこそ、「ありのままの事実を伝える」という手法に行きついたのではないだろうか。

これからも、世界でさまざまな解決策が模索され、いずれこの取り組み自体が廃れてしまうかもしれない。しかし、今回この取り組みを知り、何らかの行動を起こした人の「すべての人に安全な水を」という気持ちは、必ずその人の心に残る。もし、将来、「Water of Africa」と記されたペットボトルの水を、世界中の人が笑顔で飲んでいたとしたら、すてきなことではないか。

【地球さんご賞本部　協賛企業・団体】

株式会社　エーエスシー
ＮＴＰホールディングス株式会社
株式会社　ＮＴＰセブンス
三井不動産株式会社
一般社団法人　日本能率協会（ＪＭＡ）
株式会社　潮出版社
株式会社　ＫＡＤＯＫＡＷＡ
株式会社　内藤工務店

【後援　企業・団体】

株式会社　日本経済新聞社
株式会社　紀伊國屋書店
株式会社　潮出版社
株式会社　ＫＡＤＯＫＡＷＡ
株式会社　幻冬舎

【共催】

東京都大田区

【運営団体】

団体名　一般社団法人　水のもり文化プロジェクト
設立　2022年3月
代表理事　森　敏彦
理事　安部龍太郎／泊　敏郎
所在地　〒144-0046　東京都大田区東六郷1-28-14 ベルヴィサンハイツ407号
連絡先　電話　03-6424-7601　FAX　03-6424-7607
E-mail: info@mizunomori.or.jp
https://www.mizunomori.or.jp/

水のもり文化プロジェクト　本部実行委員会

実行委員長　安部龍太郎
実行委員　来住尚彦／山本敏彦／西畑一哉／神保郁夫／川井郁子／星子尚美／澤田瞳子／本間由樹子／荻原　浩／森田正光／田中章義

【地球さんご賞本部】

本部選考委員長　安部龍太郎
選考委員　荻原　浩／川井郁子／湊　芳之／納谷真理子／岩崎幸一郎／幅　武志／福島広司／木田明理／森　敏彦
https://www.earth35.org/

【全国参加団体】

団体名　**地球さんご賞八女実行委員会**
住所　〒834-1216　福岡県八女市黒木町桑原212
連絡先　E-mail:　sango.yame@gmail.com
https://sangoyamehp.wixsite.com/my-site

実行委員長　加藤哲英
副委員長　安部幸義／森田和喜
募集／選考　鍋田千代美／和田重俊／堤 聖子／加藤敬介／大津千代美／河口昭彦
総務／式典　仁田原光法／野村邦彦／小柳暢子／齋藤英義
協賛　安部幸義／安部節雄／緒方則雄／横溝浩樹
こどもみらい　橋本朝義／河野利和／原 信也／井上龍児／仁田原光法／浦部純治／東谷 研
渉外　河野利和
広報　坂田寛喜／仁田原陽子／樋口健志
編集編纂　東谷 研／安徳和幸／橋本妙子
アート　森田和喜／鍋田千代美／松岡純子
事務局　横溝素子／松尾道広／武藤昌子／野崎直美／竹島裕見子／田島睦子
会計　井上龍児
監事　川浪文子／浦部純治

団体名　**地球さんご賞高梁川流域実行委員会**
住所　〒710-0056　岡山県倉敷市鶴形1丁目11-24
連絡先　電話　086-422-3330（藤木工務店 倉敷支店内）
E-mail:　sango.takahashigawa@gmail.com
https://sango-takahashigawa.my.canva.site/

実行委員長　山下陽子
副委員長　大久保憲作／佐々木善久
委員　大原あかね／松原龍之／森光康恵／岸本 章／戎 晃子／伊澤健二
監事　庄村 真

顧問　安部龍太郎／森 敏彦
事務局長　伊澤健二
事務局員　大森邦彦／坪倉陽平／小野みちる
選考委員長　山下陽子
選考委員　高津智子／忠田 正／内田博文／仁科 康／大久保憲作／佐々木善久

団体名　**地球さんご賞しずおか委員会**
住所　〒418-0067　静岡県富士宮市宮町9番19号
連絡先　電話　0544-66-8540　FAX　0544-66-8541
E-mail:　info@sangoshizuoka.jp
https://www.sangoshizuoka.jp/
名誉会長　安部龍太郎
会長　増田和三
理事　小田 尚／杉田 豊／小豆川裕子／鈴木実佳／板倉美奈子／谷口ジョイ／細道春美／鈴木藤男／山下 徹／海野 徹／前林孝一良／江﨑亮介
事務局長　木内 満

団体名　**おおた地球さんご賞実行委員会**
住所　〒144-8623　大田区蒲田5丁目37番1号 ニッセイアロマスクエア5階
大田区教育委員会事務局教育総務部／教育総務課教育地域力推進担当
連絡先　電話　03-5744-1447　FAX　03-5744-1535
E-mail:　syakyou@city.ota.tokyo.jp　大田区教育委員会　山本
https://oota.earth35.org/
委員長　菅野哲郎
副委員長　小山文大
委員　澁谷咲月／大橋 弘／長岡 誠／東山良彦
監事　白鳥信也／吉藤博和
事務局　山本成俊／榊原 博／原田美咲／ミョン・スジン

未来を照らす子どもたち
地球さんご賞作品集 2024年

2024年5月20日　初版発行

編　者　水のもりプロジェクト
発行者　南　晋三
発行所　株式会社潮出版社
〒102-8110
東京都千代田区一番町6　一番町SQUARE
電話　03-3230-0781（編集）
　　　03-3230-0741（営業）
振替口座　00150-5-61090

印刷・製本　中央精版印刷株式会社
ブックデザイン　金田一亜弥

ISBN 978-4-267-02424-5　C0095

www.usio.co.jp